向南极进发

主审　袁绍宏

主编　叶黎红

上海浦江教育出版社

B-7817
中国南极考察
CHINARE
海直通航
雪龍
XUE LONG
CHINARE
C S S C 中 船 江 南

每一个人都天生拥有积极探索未知世界的好奇心，我们的教育唯一需要做的就是保护并激活它。

鄂栋臣

（鄂栋臣，男，1939 年生，江西广丰人，武汉大学教授、博士研究生导师，曾 7 次前往南极进行测绘研究，被业内誉为“极地测绘之父”）

序

儿童是祖国的未来、民族的希望。毋庸置疑，培养出什么样综合素养的青少年，直接决定着未来国家民族的命运。少年智则国智，少年强则国强。儿童的健康茁壮成长，不仅仅表现在他们身体健康，也表现在愿意亲近学习，热爱探索，善于发现和总结。在当下的社会大背景下，前者已经不难做到，但后者要想真正做好，却是殊为不易的。正是基于这样的现状，上海市浦东新区临港第一小学的校长和老师们开展了一系列有益的尝试：他们依托周边高校的学科和人才优势，创办了“儿童大学”，使孩子们从小就荡漾在知识的海洋里；他们策划了《青少年科技素养丛书》，使同学们伴随着科学素养的提升而成长，《向南极进发》就是该丛书的第一本。

南极，不仅仅对于知识面相对有限的儿童来说是陌生的，即使对于绝大多数见多识广的成年人而言，依然是一片既遥远又神秘的土地。这片土地常年被厚厚的冰雪覆盖，表面上看，严寒酷冷，毫无生命气息，其实不然，这片土地与其他大陆一样生机勃发，而且因为地理环境的特殊性，这片大陆有太多的未知值得我们去探究。《向南极进发》以生动的语言、有趣的照片、合理的编排，向读者展示了南极的奥秘、路途的艰辛以及近年来我国在南极科考方面的累累硕果，非常值得青少年儿童及其家长、老师一读。

愿“儿童大学”越办越好！

愿青少年的科技素养不断提高！

愿《向南极进发》成为同学们的良师益友！

寥寥数语，权作为序。

上海海事大学校长

黄有方

2017 年 7 月

前言

这里不只有冰天雪地，更有生机盎然；这里不只有裸露的岩石，更有丰富的宝藏；这里不只有白色荒漠的孤独与寒冷，更有科考队员的热情和执着。这里就是南极！身手矫健的企鹅快速地在蓝色的海水里穿梭，憨厚可爱的海豹懒洋洋地躺在漂浮的冰块上；巍峨绵延的冰川向你诉说着南极的过往和将来，变幻莫测的极光向你展示着南极的静谧和神奇……这里的一切足以让你心驰神往！这里的一切也将被浓缩在《向南极进发》中！

在第一单元，你将会与南极有一次冰雪奇缘，描绘一幅自己心中的南极景象，见证我国在南极科考的丰硕成果，领略实践基地和科考队员的风采。在第二单元，你将会为去南极做准备：确定南极的地理位置、设计科考路线、了解南极的天气情况、选择交通工具和保暖装备、了解救援知识。在第三单元，你将会扬帆起航，穿越西风带，克服寒流和冰层阻碍等难题，顺利到达目的地——你将会体验经历重重困难到达南极的喜悦心情。在第四单元，你将会开启自己的梦幻之旅：穿行在冰冻王国，领略南极奇观，与企鹅和海豹亲密接触，感受南极大陆的地大物博。在第五单元，你将会了解到人类活动对南极的影响，体验科考队员们在南极的生活和工作，你将会为保护我们美丽的南极而尽一份自己的力量！

《向南极进发》是我们“儿童大学”科研项目的第一个书面成果，也是我们规划的《青少年科技素养丛书》中的第一本小册子，虽然并不厚重，但却凝聚了很多人的心血，在书稿的创意、构思、编写、修改、配图、排版等过程中，得到了很多人的热情帮助，甚至还得到高妙的指点、专业的审阅，所有这些，都让我感动不已。借此机会，向国家海洋局东海分局袁绍宏书记，武汉大学鄂栋臣教授，上海海事大学黄有方校长，上海海事大学席永涛老师、杨智远老师、龚慧佳老师，中国极地研究中心王心怡老师，以及提供照片的全体中国南极科考队员们表示最诚挚的感谢！还要特别感谢上海市浦东新区南汇新城镇人民政府的大力支持！

想知道南极是什么样子的吗？想去南极吗？想知道去南极需要做哪些准备吗？想知道怎样才能到达南极吗？……《向南极进发》会为你一一解答这些问题，为你打开一扇了解南极的大门。让我们跟着科考队员的步伐，一起去南极探秘吧！

上海市浦东新区临港第一小学校长

叶黎红

2017 年 7 月

目录

第一单元　心中的南极

第二单元　我要去南极

第三单元　向南极进发

第四单元　我的南极行

第五单元　我的南极梦

第一单元　心中的南极

第一课　冰雪奇缘

在南极千万年不化的冰雪里，沉睡着许多神秘的科学之谜，蕴藏着珍贵的科学资源，对于人类认知地球环境、探索宇宙奥秘有着无可替代的科学价值。百余年来，南极，犹如巨大的磁石，吸引了无数英勇的航海家、探险家和科学家，来到这白色的世界，开启了一次又一次的奇妙之旅。

我国从1984年第一支南极科考队奔赴南极至2017年4月，已成功开展了33次南极科考。特别是在2005年1月首次问鼎冰穹A，测定最高点位置为南纬80°22′00″、东经77°21′11″，高程为4 092.75米。这是人类第一次从地面到达冰穹A。

在“不可接近之地”建起昆仑站

冰穹A地区，是南极内陆冰盖的最高点，被称为“不可接近之地”。迄今，唯有中国南极科考队员从地面成功抵达了该地区。

为了能够将昆仑站建在这片科学资源丰富的土地上，中国科考队员在高寒、缺氧、高原反应严重的环境下艰难前进。千余公里的登山之路非常陡峭，雪地车很容易翻车，中国南极科考队经过19天的跋涉，在损失了4辆雪地车后，于2005年11月9日首次征服了这片“不可接近之地”。

同学们，请你查一查中国南极科考站的相关资料，试着在圆框内填上站点名字及其建造时间吧！

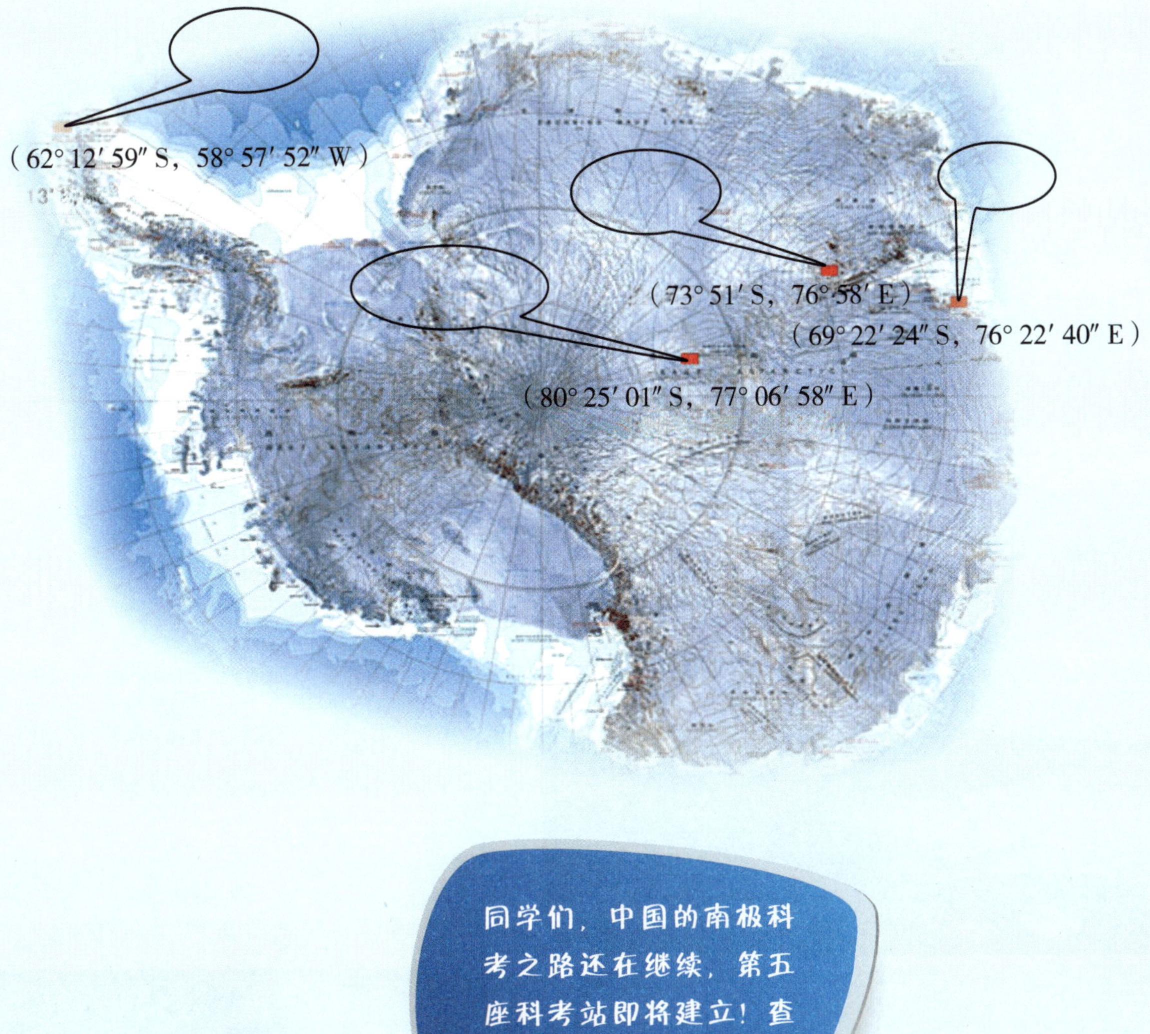

（62° 12′ 59″ S，58° 57′ 52″ W）

（73° 51′ S，76° 58′ E）

（69° 22′ 24″ S，76° 22′ 40″ E）

（80° 25′ 01″ S，77° 06′ 58″ E）

同学们，中国的南极科考之路还在继续，第五座科考站即将建立！查一查它在哪里吧！

第二课　丰硕成果

2009 年，我国在南极中山站附近海域，独立建成首座南极永久性验潮站，为我国监测南极海平面变化、开展全球气候变化研究提供了重要的支撑平台。

2016 年 2 月，“雪龙”号逆时针环绕南极大陆航行抵达海拔 3 794 米的埃里伯斯火山脚下的南极罗斯海，停泊在南纬 77° 47′ 的海域，创造了中国船舶到达地球最南纬度的新纪录。

2016 年 4 月，中国南极科考队最早实地探明地球表面最大的峡谷存在于东南极冰盖伊丽莎白公主地的冰盖底部。

咦？博士，您知道这是什么？

同学们，请你查一查资料，填一填吧！

神秘的陨石

陨石是来自于太阳系的岩石样品，保存了星云凝聚、行星堆积、火星等类地行星熔融和分异等过程的信息，对了解太阳系的起源和认识地球等具有重要价值。南极存在陨石富集区，因此陨石收集也是各国南极科考的重要项目。

迄今为止，南极科考格罗夫山队在南极格罗夫山地区共收集到陨石____块，总质量为____克，其中最大一块____克。

____年，中国首次从南极带回陨石样品。至此，中国南极陨石拥有量已达____块，在数量上，继续稳居世界第____大南极陨石拥有国。

南极磷虾是南大洋中最重要的甲壳类浮游生物，也是南大洋中数量最多的生物资源和生物链中最为关键的一环。据初步调查，南极海域磷虾总蕴藏量保守估计为6亿～12亿吨，每年可捕获5 000万吨而不会影响其生态平衡，这相当于当今世界海洋总渔获量的一半。因此，南极也被誉为人类未来的“蛋白资源仓库”。

南极磷虾是高蛋白食物，据生物学家测定，南极磷虾肉中含蛋白质17.56%、脂肪2.11%，且富含人体所必需的全部8种氨基酸，尤其是代表营养学特征的赖氨酸的含量非常丰富，远远高于金枪鱼、虎纹虾和牛肉中的含量。

食用方法：以蒜片、姜丝、葱丝、洋葱丝、青椒圈、酱油、花生碎、芝麻、指天椒和油、盐、糖混合成顺德鱼生调料，待磷虾自然解冻后剥壳蘸食。

同学们，磷虾还能怎么吃呢？你也来做一次小厨师吧！

菜谱

……………………………………

……………………………………

……………………………………

……………………………………

极地进入航空时代

2016 年 1 月 9 日，我国首架自有的极地固定翼飞机“雪鹰 601”，从中山站飞越昆仑站，持续飞行超过 9 小时，持续航程超过 2 600 千米。此次飞行，创造了该机型在南极高原超长航程飞行的世界纪录。至此，我国成为继美国、俄罗斯、英国和德国之后，第 5 个拥有具备快速运送、应急救援和科学调查等多功能的极地固定翼飞机的国家。

第三课 实践基地

同学们，今天我要带领大家去参观上海海事大学商船学院。请大家跟着我的脚步一起来！

好啊！太棒啦！

上海海事大学商船学院从2007年开始，派遣多名老师参加南极科考。在他们的科考过程中，发生了哪些或有趣、或惊险的事情呢，他们眼中的极地又是怎么样的？请给身边的科考专家做一次微采访，并做好采访记录。

采访内容记录：

采访照片

Polar Research Institute of China 1989

中国极地研究中心

中国极地研究中心（原名中国极地研究所）成立于1989年，是我国唯一专门从事极地考察的科学研究和保障业务中心。

同学们，跟我一起去中国极地研究中心参观吧！

哇！简直太棒了！我来跟大家分享一下我的感悟……

我的感悟

此处可贴照片

第二单元　我要去南极

第一课　地理位置

地球的最南端叫南极。南极（南极地区）通常是指南纬 60° 以南的南极大陆、冰架、岛屿和海洋，总面积约 5 200 万平方千米。

同学们，你们知道南极在哪里吗？动动脑筋，找找南极在地图上的经度和纬度吧。

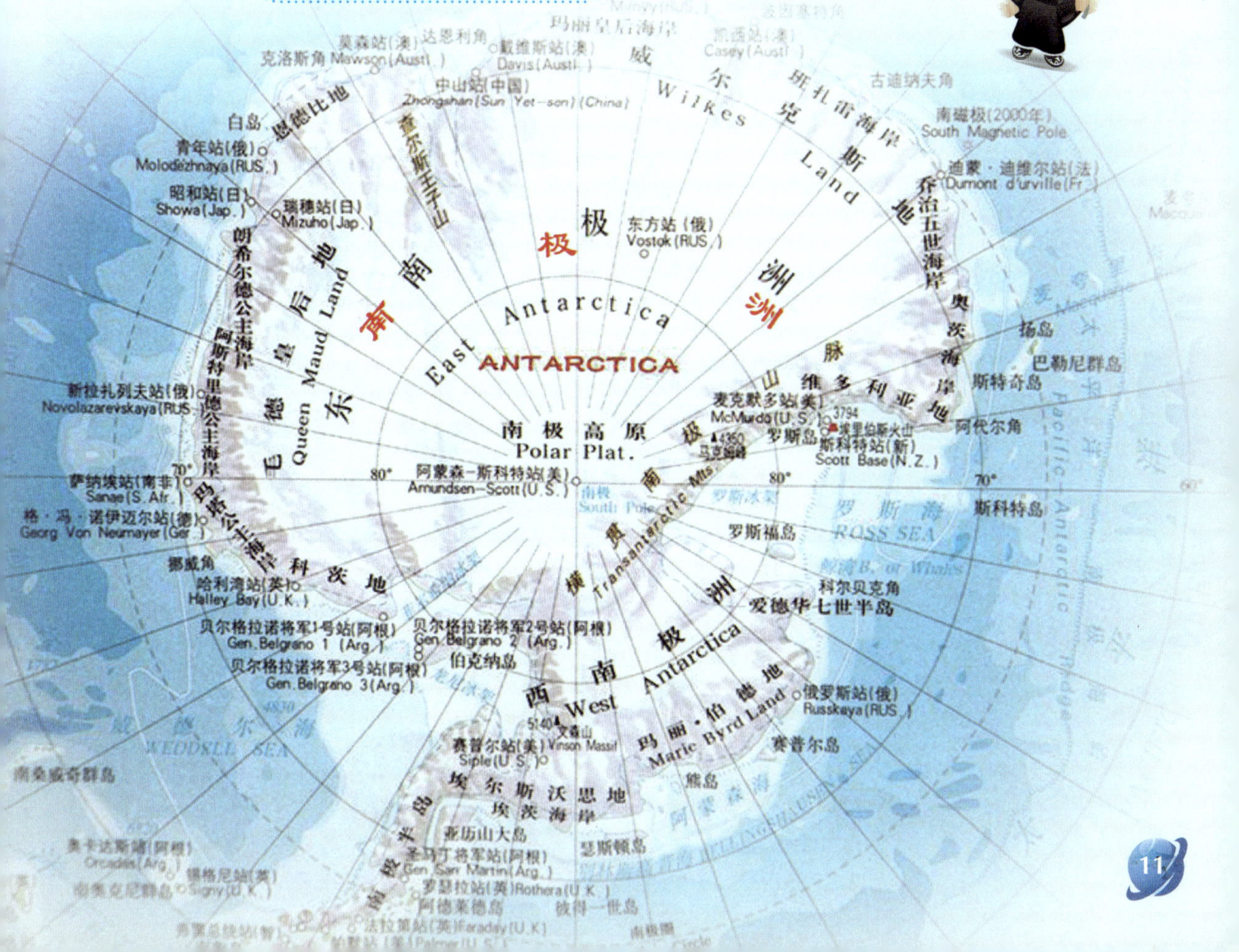

南极洲
Antarctica
ANTARCTICA
东南极洲
East Antarctica
西南极洲
West Antarctica
南极高原
Polar Plat.
横贯南极山脉
Transantarctic Mts.
阿蒙森－斯科特站(美)
Amundsen-Scott(U.S.)
东方站（俄）
Vostok(RUS.)
中山站(中国)
Zhongshan(Sun Yet-sen)(China)
戴维斯站(澳)
Davis(Austl.)
莫森站(澳)
Mawson(Austl.)
凯西站(澳)
Casey(Aust.)
麦克默多站(美)
McMurdo(U.S.)
斯科特站(新)
Scott Base(N.Z.)
罗斯海
ROSS SEA
威德尔海
WEDDELL SEA
毛德皇后地
Queen Maud Land
威尔克斯地
Wilkes Land
玛丽·伯德地
Marie Byrd Land
南磁极(2000年)
South Magnetic Pole
贝尔格拉诺将军2号站(阿根)
Gen. Belgrano 2 (Arg.)
哈利湾站(英)
Halley Bay(U.K.)
赛普尔站(美)
Siple(U.S.)
文森山
Vinson Massif
俄罗斯站(俄)
Russkaya(RUS.)

第二课　科考路线

2013 年 11 月，中国南极科学考察队乘坐“雪龙”号极地科考船进行了第 30 次科学考察。科考船从上海出发，经过澳大利亚的弗里曼特尔与阿根廷的乌斯怀亚两个港口，首次完成环南极航行。

上海

弗里曼特尔

中山站

长城站

乌斯怀亚

科考队员真厉害呀！看，这就是科考队第 30 次考察路线。

同学们，这 30 次的科考路线都一样吗？你能查一查吗？再设计一条从上海出发到南极的科学考察路线吧！

科学考察路线

第三课 天气情况

南极的气候特点是酷寒、烈风和干燥，为世界最冷的陆地。南极平均年降水量为55毫米，空气非常干燥，有“白色荒漠”之称。

南极到底有多冷呢？去网上查一查近四年来上海和南极的平均气温吧。

近4年上海和南极平均气温

年份	2013	2014	2015	2016
上海				
南极				

第四课 交通工具

同学们，去南极要乘坐什么交通工具去呢？

因为中国大陆与南极之间隔着浩瀚的大洋，所以，我们当然不可能乘火车去，也不可能开汽车去。坐飞机去呢？有可能，但费用太大，并且无法携带科考必需的大量仪器设备和后勤保障物资。因此，最现实的交通工具就是乘船前往。

看！这艘大船就是我国前往南极的“雪龙”号，你知道这艘船是哪个国家设计制造的吗？

“雪龙”号极地科学考察破冰船，是苏联设计建造的 8 艘同型北极地区破冰运输船之一，由乌克兰东部赫尔松船厂建造。1991 年底苏联解体时，该船正在赫尔松船厂船台建造。为满足我国极地科学考察对破冰船的需求，我国政府出资购买了该船。我国政府购买后，乌克兰赫尔松船厂继续进行该船的建造，并于 1993 年 3 月 25 日完工。

“雪龙”号投入使用后，先后进行了 3 次大规模的改造。目前，“雪龙”号已成为我国极地科学考察的重要支撑平台。

同学们，让我们一起去“雪龙”号探秘吧！

经过 3 次大规模的升级改造之后，“雪龙”号的技术参数主要分为实验室和内部舱室两大部分。

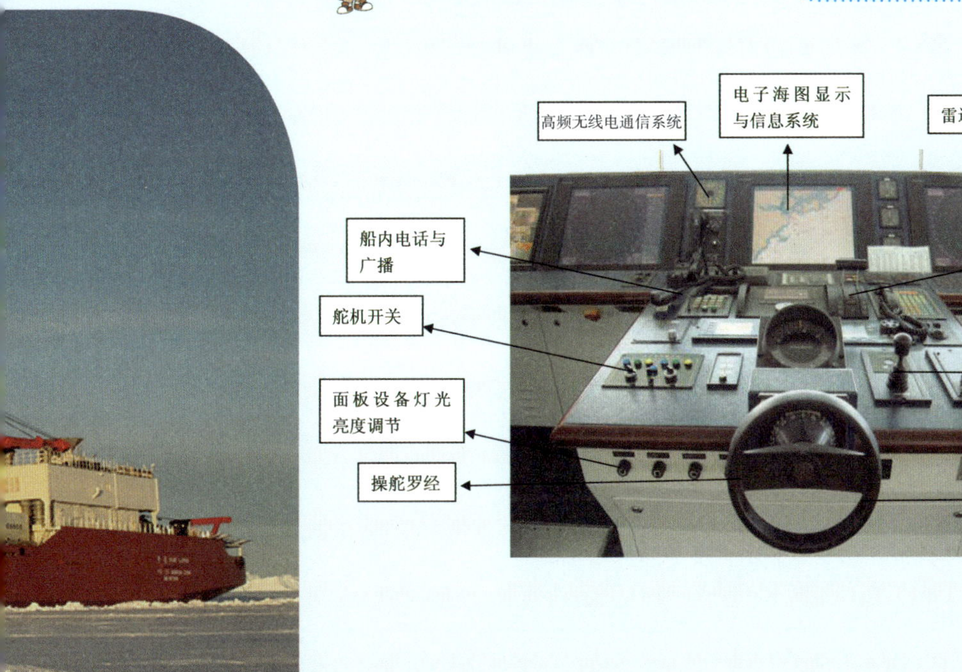

二维码：探究“雪龙”号实验室

实验室：“雪龙”号科考船上设有大气、水文、计算机数据处理中心、气象分析预报中心，以及海洋物理、海洋化学、生物、地质、气象和洁净等一系列科学考察实验室。在“雪龙”号的水文资料采集室中，安装了可以用来探寻磷虾及其他极区水生动物的鱼探仪，可在航行时测定海水流速、方向的多普勒海流计，以及用于测量海水温度、盐度、深度的温盐深仪（CTD）等一大批先进的仪器设备。

博士，考察队员的内部舱室是怎么样的？

二维码：探究“雪龙”号内部舱室

内部舱室：一般考察队员两人一个房间，每个房间 10 平方米左右，有中央空调，有 24 小时供应热水的卫生间，冰箱、衣柜、写字台等一应俱全，房间里还有端口可供上网收发邮件。

小朋友，请你根据资料，画一画“雪龙”号内部舱室吧！

画一画

你还能为舱室里增加新的功能区以丰富科考队员的生活吗？

体验手记

汽车的速度单位一般用“千米 / 小时（km/h）”来表示，你们知道船舶的速度单位用什么来表示吗？试着查阅资料，把汽车的速度单位和船舶的速度单位做一个换算吧。

算一算

第五课 整装待发

在室外作业时，保暖装备是最重要的一环。服装要求耐磨、防风、保暖、防晒。

连一连，看看以下装备各有什么用途？

保暖　　　　防晒　　　　防紫外线

我要带上：

我们要出发啦！请你画一张自画像吧。

第六课　救援行动

SOS

求救！求救！我们是“绍卡利斯基院士”号，我们已经被困一天一夜了！我们的船不具备破冰能力，无法脱困，发动机也已经停止了工作。

博士，那艘船在说什么啊？

不好！他们的船搁浅了！我们马上与“绍卡利斯基院士”号取得联系！

那我们赶快去救他们吧！

我们是中国“雪龙”号，我们已接到你们的求救信号，请说明具体位置。

我们现在南纬66°52′、东经144°19′，南极洲东部海域。

我们马上来！请你们说说具体情况。

我们现在没有水，没有食物，船上还有人员受伤。

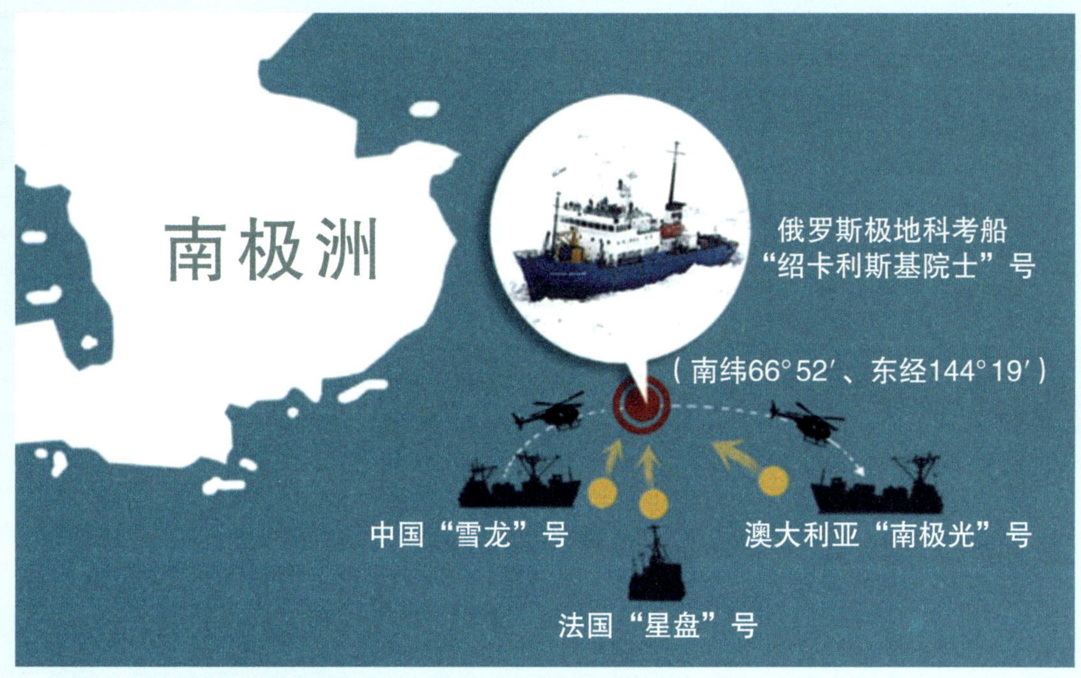

同学们，我们的救援计划共4项！请你们来排排序吧！

①将乘客转移到“南极光”号旁边的冰面上。

②“雪龙”号上的“雪鹰12”直升机降落在“绍卡利斯基院士”号旁边坚实的冰面上。

③乘客下直升机再转移至“南极光”号，如此不停地转移数次。

④“绍卡利斯基院士”号上的乘客上“雪鹰12”直升机。

我是这样排的：

....

....

....

....

....

同学们！在救援过程中，你的心情是怎么样的呢？和我们来分享一下吧！

第三单元　向南极进发

第一课　扬帆起航

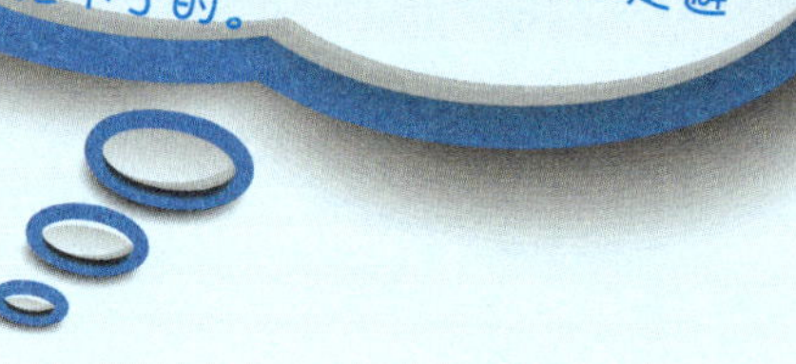

在出发前，同学们一定要仔细阅读《中国南极考察队员守则》并签署《中国南极科考协议》。

中国南极科考协议

甲方：中国南极科考站　　　　乙方：________

1. 坚决听从指挥，发扬主人翁精神，认真负责，积极主动，严守操作规程，每位队员确保安全，杜绝事故发生。

2. 全体队员做到团结、紧张、严肃、活泼，互相尊重，互相关心。

3. 爱护站内建筑、设施，不得在设施上随意刻画；各种仪器、设备、工具，未经允许，不准动用。

4. 严禁追逐、惊吓动物，更不准伤害或捕杀。

5. 保护南极植被，不准毁坏和任意采集。

6. 考察中会遇到未知的风险，如寒流、海啸等，注意自身安全，听从统一安排，如随意行动，后果自负。

7. 本协议自签订之日起生效。

甲方：中国南极科考站（盖章）　　　　**乙方：**

日期：　　　　**日期：**

旗帜设计的五大原则：简单、有意义、用两到三种基本色、独一无二、能体现精神。

马上要出发了，你作为小博士科考队的队员，能设计一面小博士科考队队旗吗？

设计一面小博士科考队队旗

家长的鼓励：……………………

……………………

……………………

……………………

伙伴的鼓励：……………………

……………………

……………………

……………………

同学们，我们即将出发啦！爸爸妈妈和朋友们一定有许多话想对你们说，让他们写下来吧！

让我们带着鼓励和理想从上海出发吧！

第二课　穿越西风带

博士，为什么突然间船摇晃得这么厉害？

妙妙，这是因为我们正在穿越西风带，现在到达了德雷克海峡。

让我们一起查查资料了解一下德雷克海峡吧！

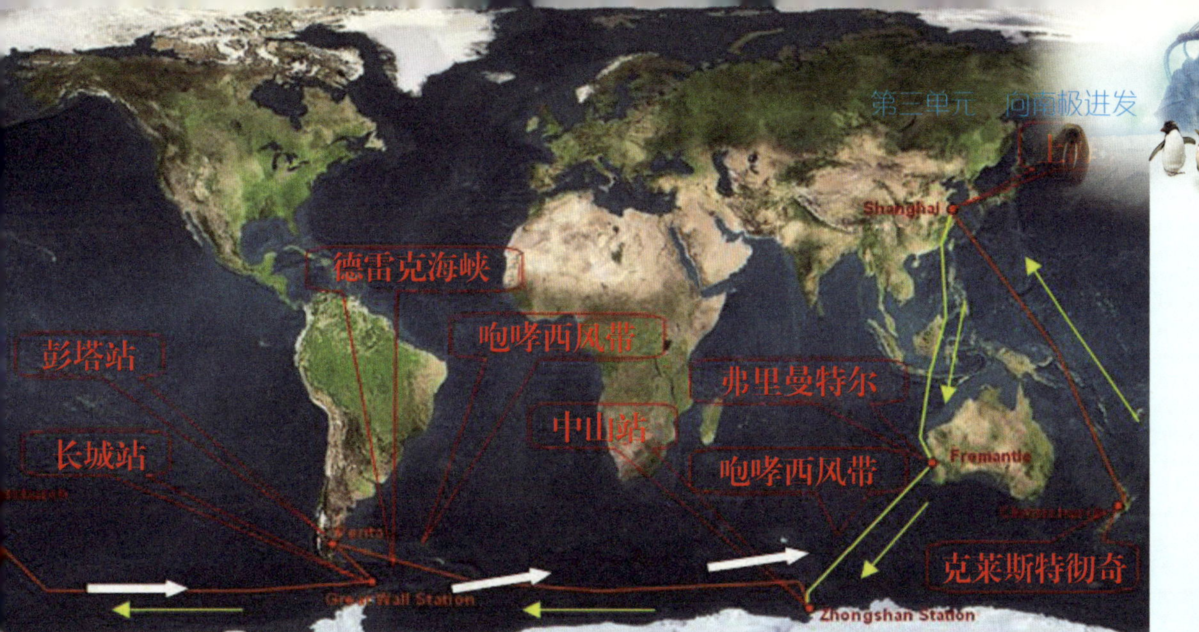

注：黄色箭头为“一船两站”科考及返程路线；白色箭头为“南极寒流”示意

去南极，要过的第一关就是穿越德雷克海峡，它位于______最南端与____之间，是世界上最宽的海峡。太平洋和大西洋在这里交汇，洋流气候冲撞，使这里常年风力至少达到________，即便是万吨巨轮，在这海面上，也被震颤得像一片树叶。这片终年狂风怒号的海峡，历史上曾让无数船舶倾覆海底。于是，德雷克海峡被人称之为“____________”“____________”。

南极科考队成功穿越西风带

2004年11月15日，第21次南极科考队乘坐“雪龙”号开始进入西风带，短短3天时间里就遭遇2个气旋的袭击。按照考察队“冲击弱气旋、躲避大风浪”的计划，“雪龙”号在18日强行冲刺到了南纬50°附近海域，但是情况发生了突变，南边一个巨大的强气旋一夜间改变方向，横在了“雪龙”号正前方，中心位置涌浪超过10米，风力超过12级。更为严重的是，在“雪龙”号的东面和西面又有2个气旋顶了上来，考察队陷入了气旋的包围之中。11月22日中午，在顶着风浪艰难航行4天之后，南下的机会终于出现，考察队当机立断，调转航向，以每小时15海里的最高速度全力向南冲刺。经过两天的快速航行，“雪龙”号终于冲出了西风带，到达了南纬60°海域。

科考队员真棒呀！

还想知道更多科考队员成功穿越西风带的故事吗？赶快扫扫下面的二维码吧！

了解了这些信息，请你总结一下成功穿越德雷克海峡的经验与方法吧。

第三课 遭遇寒流

在成功穿越西风带后，往往会遭遇寒流。在南极大陆周围形成的绕极环流被称为南极寒流，它是全球洋流系统中最强劲的洋流，是一种灾害性天气。寒流使得近海面温度降低，水汽容易凝结，形成大雾，影响航行安全。

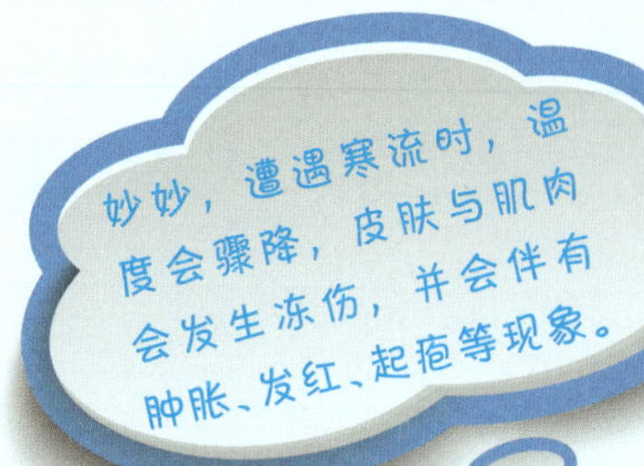

留心自己和伙伴的冻伤迹象，一旦发生，可以采取哪些措施呢？

视频连线地面专家，了解一下他们是怎样应对寒流的，并做好有关记录。

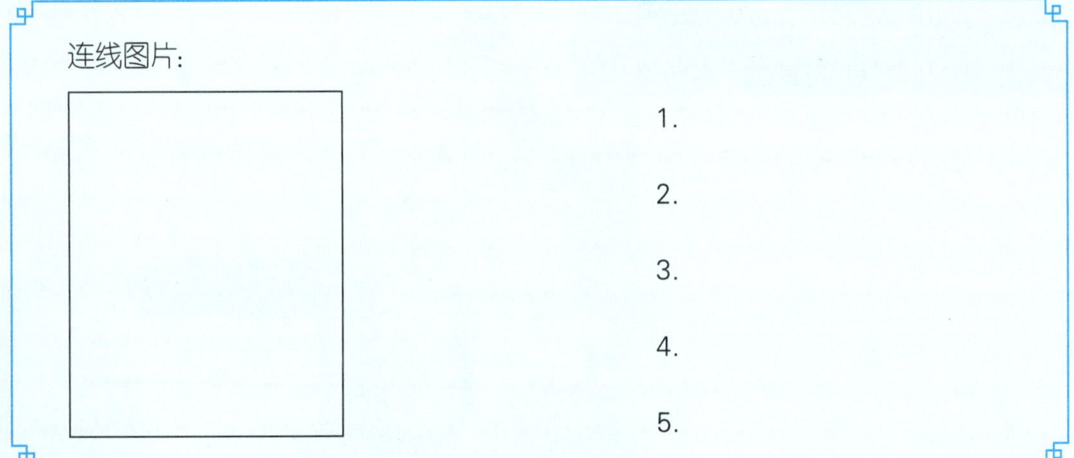

博士，既然有寒流，是不是也有暖流呢？

奇奇，你真会动脑筋，真聪明！

暖流是从低纬度流向高纬度的洋流。暖流的水温比它所到区域的水温高。

寒流的影响：……………………

暖流的影响：……………………

小朋友们，你们知道吗？寒流和暖流都会对环境造成一定影响。请你上网查查资料。

第四课 破冰

信息瞭望

博士，你看前面都是冰，我们的船怎么过去呢？

南极地区温度太低，海面上有大量的厚厚的冰层，一般的船舶根本无法前行，所以我们需要的是能够破冰的船舶。“雪龙”号是我们国家可以在南极密集冰区进行科学考察的一艘专用船舶。

不要紧张，“雪龙”号还有一个功能，就是破冰。

破冰船为什么能破冰呢？

破冰船同其他船比较，有它的特点：船体结构特别坚实，船壳钢板比一般船舶厚得多；船宽体胖上身小；船身短，灵活性强，操纵性好；吃水深，可以破碎较厚的冰层；功率大、冲击力大；它的船头、船尾和船中两侧，都备有很大的水舱，作为破冰设备。

破冰船又是怎样破冰的呢？

破冰船遇到冰层，就翘起船头，爬上冰面，靠船头部分的重量把冰压碎。这个重量是很大的，一般要达到1 000吨左右，不太坚固的冰层，在破冰船的压力之下马上就让步了。

如果冰层较坚固，破冰船往往要后退一段距离，然后开足马力猛冲过去，一次不行，就反复冲，最终把冰层冲破。

如果遇到很厚的冰层，一下冲不开，破冰船就开动马力很大的水泵，把船尾的水舱灌满，因为船的重心后移，船头自然会抬高。这时，将船身稍向前进，使船头搁在厚冰层上，接着就把船尾的水舱抽空，同时把船头的水舱灌满。这样，本来重量很大的船头，再加上打进船头水舱里的几百吨水的重量，很厚的冰层，也会被压碎。因此，破冰船就在冰上开出一条水道，慢慢前进。

哇！“雪龙”号真是太厉害了！

根据以上资料介绍，请你概括一下面对不同冰层时，“雪龙”号会怎样处理？

遇到不太坚固的冰层时：

遇到较坚固的冰层时：

遇到很厚的冰层时：

请你结合上述资料并借助其他途径，说说“雪龙”号为什么要用比一般船舶更厚、强度更高的钢板？

第五课　荣耀时刻

绘制一幅手拿五星红旗和科考旗的自画像吧！

中国南极中山站简称中山站，是中国在南极洲建立的科学考察站之一，建成于1989年2月26日，位于东南极大陆拉斯曼丘陵。中山站是中国第二个南极科学考察站，经过20多年的改造和扩建，目前建筑面积已达到5 800平方米。

同学们，我们经历了重重困难，终于到达了南极。其间，我们也了解到科考队员在进发途中遇到的艰难险阻，以及他们是如何化险为夷，成功应对的。此时此刻，你心中一定有千言万语想一吐为快吧？请你写下自己的感受吧！

____

____

____

____

同学们真是太了不起了，正是凭借着自己的信念和努力顺利到达南极了！在南极之旅中，你觉得自己的表现怎么样呢？快来给自己打打分吧！

评价表

项目	自评	互评
设计科考队队旗		
成功穿越西风带		
冻伤后采取有效措施		
面对不同的冰层进行处理		

第四单元　我的南极行

第一课　冰冻王国

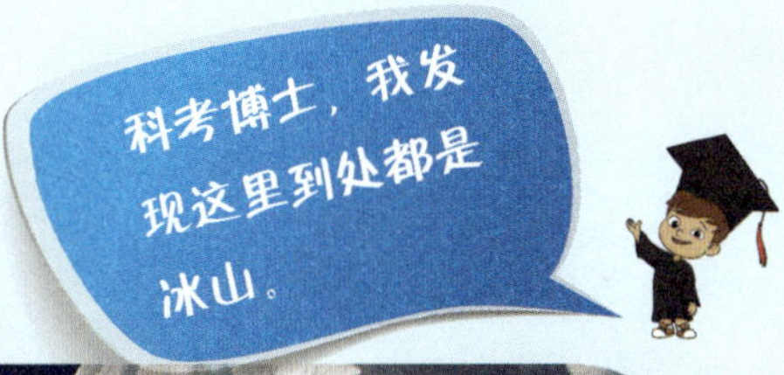

科考博士，我发现这里到处都是冰山。

同学们，现在我们已经来到了南极，让我们来看看南极有什么？

哈哈，这可不是冰山，而是冰川哦！

经过一个消融季节，未融化的雪会变成粒雪，新雪降落后也会渐渐粒雪化。在自重的作用下，粒雪进一步密实后再冻结，会逐渐变成冰川冰，覆盖住陆地的一部分，这就是“冰川”。

寒冷地区数年不融化的冰叫做“万年冰”。“万年冰”和冰川其实是差不多的含义。

同学们，你们知道吗？冰川还会移动呢。

真的吗？好神奇呀！它们是怎么移动的呢？

冰川会受到重力的影响，从高处向低处流动。不过根据种类与地区不同，冰川移动的速度也不一样。有的冰川一年能移动 4 000 米，有的冰川一年仅能移动 2 米左右。同一个冰川，下部比上部的移动速度快，中间比两边的移动速度快。冰川的移动速度越快，就会有越多的冰雪融入大海中。

博士，我还听说过冰芯，这又是什么呀？

奇奇，你懂得还不少嘛！冰芯，顾名思义，就是取自冰川内部的芯。大气中的物质会随大气环流而抵达冰川上空，并沉降在冰雪表面，最终形成冰芯记录。

冰川学家在研究南极大陆冰盖的年龄及其形成的历史过程时发现，从冰川的冰芯样品中，不仅能测定冰川的年龄，并探究其形成过程，还可以得到相应历史年代的气温和降水资料，以及相应年代的二氧化碳等大气化学成分含量，从而开辟了研究古气候和古环境的新的道路。记载表明，从南极大陆冰盖获取的冰岩芯样品，至今已超过 2 000 米，获得了 70 万年以前的古气候和古环境资料。

中国是在 2009 年提出冰芯计划的。目前中国已经在南极钻了一根全世界最深的冰芯，轰动了整个科学界。

同学们，南极冰芯是如何钻取的？请查一查资料吧！

第二课　自然现象

奇奇、妙妙，你们知道南极有什么神奇的自然现象吗？

我知道，我知道，南极有极昼和极夜！

我也知道！我还知道南极光呢！

南极是地球上昼夜最长的地方，极昼和极夜现象只出现在南北极圈以内。极昼和极夜的天数，随着纬度的增高而增多。在南极点和北极点上，半年是极昼，半年是极夜。

极光是出现于星球极地的高磁纬地区上空的一种绚丽多彩的发光现象。南极光是出现在南半球的极光。

热线专递

那么南极光是怎么产生的呢?

极光是由太阳带电的粒子碰撞地球两极的磁场，在天空中发生放电时所产生的现象。太阳是一个庞大而炽热的气体球，在它的内部和表面进行着各种化学元素的核反应，产生了强大的带电微粒流，并从太阳发射出来，用极大的速度射向周围的空间。当这种带电微粒流射入地球外围稀薄的高空大气层时，被地球磁场吸引到两极，就与稀薄气体的分子猛烈地冲击起来，于是产生了发光现象，这就是极光。

体验手记

结合你对南极光的了解，完成表格。

南极光

中文名字		形成条件	
别名		出现地点	
属性		发生时间	

第三课　南极动植物

南极洲腹地几乎是一片不毛之地。气候严寒的南极洲，植物难以生长，偶能见到一些苔藓、地衣等植物。

南极洲极端严酷的自然条件，极大地限制了陆地动、植物的生存与繁衍。企鹅是南极大陆最有代表性的动物，被视为南极的象征。不过，在浩瀚的南大洋中，却是一个生机盎然的生物世界，尤其是那儿的鲸、海豹、磷虾、鱼类和海鸟等物种之丰富，可以说让人目瞪口呆。

企　鹅

企鹅，有“海洋之舟”的美称，主要生活在南半球。企鹅能在零下60 ℃的严寒中生活、繁衍。在陆地上，它活像身穿燕尾服的西方绅士，走起路来，一摇一摆；遇到危险，连跌带爬，憨态滑稽。可是在水里，企鹅那短小的翅膀会变成一双强有力的“划桨”，使其游速可达每小时25~30千米，一天可游160千米。它主要以磷虾、乌贼、小鱼为食。

海　豹

海豹身体浑圆，形如纺锤，体色斑驳，毛被稀疏，皮下脂肪很厚，显得膘肥体胖。两只后脚向后伸，犹如潜水员的两只脚蹼。游起泳来，两脚在水中左右摆动，推动身体迅速前进。有时它会爬到礁石上晒太阳，这时它的动作就显得格外笨拙，善于游泳的四肢只能起支撑作用。有的书上说，从海豹的头部看，貌似家犬，因而不少地区称其为海狗，其实，这是一种似是而非的认知，一定要注意辨识。

海豹是南极动物中的小萌宝，可是你知道怎么区分海狮和海豹吗？

同学们，我还看见很多其他动物和植物的身影，你能帮我查查它们的名字吗？

 (　　　　　)	 (　　　　　)
 (　　　　　)	 (　　　　　)
 (　　　　　)	 (　　　　　)

第四课 矿物资源

热线专递

南极是世界上最大的铁矿储藏地区。南极大陆的铁矿蕴藏丰富，含铁品位高，有“南极铁山”之称，可供世界开发利用200年，为世界之最。

南极有世界上最大的煤田。南极大陆二叠纪煤层广泛分布于东南极洲的冰盖下，储藏量约达5 000亿吨。

南极的石油和天然气资源极为丰富。南极大陆的石油和天然气储量还未查清，但至少是非常有潜力的。

体验手记

你知道南极有哪些资源吗？请你选一选，填在第47页下方的横线上。

a. 铁矿 b. 煤矿 c. 铜、铅、锌、钼 d. 金、银、铬、镍、钴 e. 锰矿 f. 石油和天然气 g. 巨大的风能、波浪（或潮汐）能和地热能

南极蕴藏有220多种矿产资源和能源，有供全世界开发利用200年的____和总蕴藏量约5 000亿吨的巨大____资源。南极半岛的____以及少量的____等有色金属储量也很丰富。南大洋海底的多金属____资源也非常可观。南极的____主要分布在南极大陆架和西南极大陆。据调查，罗斯海、威德尔海、别林斯高晋海陆架区和普里兹湾海区是____资源潜力最大的主要远景区和勘探区。南极地区的石油储存量为500亿~1 000亿桶，天然气储量为30 000亿~50 000亿立方米。此外，南极地区还存在着____等潜在资源。

第五课　南极之旅

同学们，南极是一块神奇的土地，越来越多的人想到南极一游，你们有什么好建议给他们吗？

南极游，绝对精彩哦！

南极最吸引人的是“独特的自然景观”，其次是“罕见的动植物”以及“刺激的行程挑战极限”。

在南极诸多体验项目中，探访企鹅、冰海漂流、追逐鲸鱼是最受欢迎的三大项目。短暂的南极夏季（每年11月至次年3月）是南极旅游的黄金季节，旅游线路基本涵盖了南极的主要观光点，如企鹅、海豹、鸟类的栖息地，冰川，捕鲸站，南极博物馆等，还有滑雪、攀冰、野营、探穴、潜水以及冰海划舟等不同项目，游览体验十分丰富。

半月岛是南设得兰群岛中的一座孤岛。顾名思义，她的形状就像一轮弯弯的新月。这座1.7千米长的小岛，是极地多样化景观中的一颗明珠。这里群居着上万只企鹅。

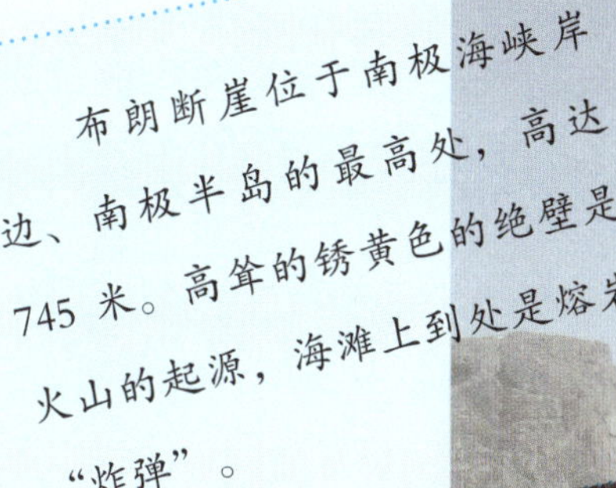

布朗断崖位于南极海峡岸边、南极半岛的最高处，高达 745 米。高耸的锈黄色的绝壁是火山的起源，海滩上到处是熔岩"炸弹"。

经南极半岛勒梅尔海峡一路前行，会顺利到达南极"天堂湾"。天堂湾被很多游客认为是南极半岛最美的地方，在这个宁静的港湾内，只有蓝、白和湖蓝三种主色，纯净至极。

同学们，我们对南极有了不少的了解了，请你做一个南极游的攻略吧，制定一下你的行程！

南极游攻略

目的地		
行程计划		
注意事项		

第六课　世界的南极

南极洲有哪些国家？

根据1961年6月通过的《南极条约》的规定，南极只能用于和平目的，不属于任何国家。

为了更好地协调各个不同国家之间的研究合作，很多年以前，各个国家通过共同探讨，最终成立了南极地区的科学研究国际协调机构——南极研究科学委员会。

想想做做

小组合作，做一回小小统计师：查找相关资料，截至 2016 年底，共有哪些国家在南极建立了科学考察站？他们分别在什么地方？请填写在下面的表格中。

南极科学考察站

国家	数量	代表性科考站	经度	纬度

你们小组找到了多少个科学考察站？能得几颗星？（15 个以上得 5 颗星，10 至 14 个得 4 颗星，不满 10 个得 3 颗星）

第五单元　我的南极梦

第一课　用心呵护南极环境

南极这么冷，去的人这么少，那里有环境污染吗？有雾霾吗？

人类在极地的活动，已引发了南极地区区域性的土壤与植被污染、野生动物受扰、外来物种引进及细菌性疾病侵入等问题。考察站使用的石油燃料和燃烧垃圾还对南极空气造成了污染，终年生活在极地的野生动物同样受到了人类活动的侵扰。巨海燕、阿德雷企鹅等对人类活动较为敏感的极地野生动物，均因人类的侵扰数量大为下降。

科考队员在极地工作，少不了厨余废弃物的产生，而这些厨余废弃物吸引了极地区域的动物，尤其是鸟类比如贼鸥的兴趣，贼鸥会像人类对南极大陆充满新鲜感一样对这些剩菜剩饭“爱不释口”。但是，这样不劳而获的行为随着时间延续，将会不可避免地弱化鸟类的自我捕食能力，增加它们的后代被大自然淘汰的危险。另外，因为人类的剩菜剩饭里含有南极洲大陆原先没有的细菌群体，部分鸟类把这些剩菜剩饭吃下去，肯定会改变其消化道内的菌群结构。

为了尽最大可能保护好南极地区的环境，科考队员们会把玻璃、塑料、铁制品分类收集打包，等待科考船运回国内处理。科考队员们把可以焚烧的生活垃圾全部运送到垃圾处理桶，然后用专用的垃圾焚烧炉进行焚烧处理。

同学们，南极陆地生态系统是地球上最为简单也是最为脆弱的生态系统，一旦遭到人为破坏，便极难甚至无法自行恢复。所以，人类应该好好保护南极，因为保护南极的意义已经远远超出保护南极自身，这实质上就是保护我们所居住的这个星球。

小组讨论，写一份保护南极环境的倡议书。

保护南极环境倡议书

第二课　创造极地梦想家园

妙妙，想去看一看科考队员在南极的生活吗？

想啊想啊！科考队员们都吃什么？喝什么？跟我们一样吗？

以前，南极科考餐饮主要从国家海洋局系统食堂抽调厨师前往，从我国第26次南极科考开始，武汉商学院烹饪学院每年都有师生前往南极，人数最多达13人。这些“南极料理人”中，副教授、烹饪大师就有6人，被称为“南极最豪华餐饮团队”。

在南极一天做四顿饭，关键在花色的变化和营养的均衡。南极食物全靠外来运输，肉类居多，蔬菜很缺乏。经该校教师建议，南极科考站建起了无土培植蔬菜基地，科考队员已能吃上新鲜的小白菜、青椒、西红柿、香菜等，很多国外的科考队员也常来“蹭饭”呢！

中国南极科考站目前总共有4个，分别是长城站、中山站、昆仑站和泰山站。

中山站建成于1989年2月26日，位于东南极大陆拉斯曼丘陵地区。这里的老队员经历过睡集装箱，住简易房，而在经过20多年的改造后，中山站已有各种建筑15座，建筑面积5 800平方米，室内温度全年26 ℃，甚至还有独家冰景房哦！

泰山站于 2014 年 2 月 8 日正式建成开站。泰山站可以用供热系统的余热提高水温，使得队员们具备洗澡的条件。当然并不是像我们想象的那样，像家里一样想洗个热水澡就能痛痛快快地洗一回，因为还必须考虑到能源消耗、环境污染及保护等问题。

除此之外，泰山站还拥有一个很给力的厨房。它具备开火条件，是专门的厨房，但是也不像我们家里一样可以随意烹制自己想吃的食物，主要还是对食品进行加热这样一个功能，就是对已经做熟的食品或者是对半成品进行加热。

在极地生活最大的敌人是枯燥和寂寞。以前科考站虽然能上网，但网速特别慢，基本只能聊 QQ，在线看电视更是根本不可能的，现在网速已经快多了。科考队员最大的消遣就是户外活动，爬山、滑雪、摄影，不能出门的日子就在站里打扑克牌。各国科考队员会经常开着雪地车“串门”，凡是盛大的节日大家会一起聚餐、庆祝。南极还会举行“奥林匹克运动会”，有八九个国家的科考队员参加。

图书在版编目（CIP）数据

向南极进发 / 叶黎红主编．—上海：上海浦江教育出版社有限公司，2017.8

（青少年科技素养丛书）

ISBN 978-7-81121-516-8

Ⅰ.①向…　Ⅱ.①叶…　Ⅲ.①南极 - 青少年读物　Ⅳ.①　P941.61-49

中国版本图书馆 CIP 数据核字（2017）第 194180 号

上海浦江教育出版社出版

社址：上海市海港大道 1550 号上海海事大学校内　邮政编码：201306

电话：021-38284923（总编室）　38284910/12（发行）　38284910（传真）

上海盛通时代印刷有限公司印装　　上海浦江教育出版社发行

幅面尺寸：185 mm × 260 mm　　印张：4.25　　字数：80 千字

2017 年 8 月第 1 版　　2017 年 8 月第 1 次印刷

策划编辑：倪项根　责任编辑：薛树业　封面设计：赵宏义

定价：48.00 元